INTRODUCTION

Les Pêcheries ou bouchots de la région de Cancale peuvent compter parmi les exploitations de pêche les plus anciennes du littoral français. Elles furent concédées bien avant l'Edit de Moulins (1584).

Depuis de fort longues années, ces pêcheries ont été l'objet d'attaques très vives de la part des autres riverains et pêcheurs de la Baie du Mont-Saint-Michel ; et, à différentes reprises, on a demandé aux services scientifiques compétents de donner leur avis à leur sujet afin de savoir si l'accusation qu'on formulait contre elles, de détruire les jeunes poissons et les immatures, était justifiée.

A la suite d'incidents en 1923, le Sous-Secrétariat d'Etat de la Marine Marchande demanda à l'Office de faire une enquête définitive sur la question. Le Directeur de l'Office chargea de cette mission M. Chevey, préparateur au Muséum National d'Histoire Naturelle, qui, pendant deux ans, se rendit chaque mois sur place pour faire des constatations sur la nocivité de ces établissements de pêche.

C'est son rapport que nous publions, afin de faire connaître aux détenteurs des pêcheries et à leurs adversaires, sur quels arguments et sur quels faits sont basées les opinions des biologistes.

RAPPORT

SUR LES PÊCHERIES OU BOUCHOTS

DE LA

BAIE DU MONT SAINT-MICHEL

SITUATION DES PÊCHERIES

Les Pêcheries de la Baie du Mont Saint-Michel sont au nombre de 40 ; elles commencent un peu au sud du port de la Houle (Cancale) et s'étendent, vers le Mont Saint-Michel, sur un front de 12 kilomètres au moins, et à une distance moyenne de la côte (limite supérieure des marées) de 4 kilomètres environ.

Chacune d'elles forme, par ses deux pannes et la ligne idéale qui rejoint les deux extrémités libres de celles-ci, un triangle sensiblement équilatéral, de 250 mètres, en moyenne, de côté ; il n'y a pas de grosses variations à ce point de vue.

Il n'en est plus de même pour la distance séparant chaque pêcherie de sa voisine. Cette distance, calculée de l'extrémité libre d'une panne, en regard de la côte, à l'extrémité libre de la panne appartenant à la pêcherie suivante, est, *en moyenne*, de 50 mètres ; mais de grandes variations se présentent. D'une façon générale, les pêcheries de l'Est (vers le Mont Saint-Michel) sont plus éloignées les unes des autres ; les pêcheries de l'Ouest (vers Cancale) au contraire, plus rapprochées. Ainsi, pour les premières la distance entre les pêcheries 30 et 31 s'élève à 198 mètres ; entre 37 et 38 à 400 mètres, et même à 5 kilomètres entre 39 et 40. Par contre, pour les secondes, la distance n'est que de 6 m. 60 entre les pêcheries 4 et 5, 6 mètres entre 9 et 10 et 15-16, 5 m. 20 entre 1-2, et 4 m. 80 entre 17-18.

II

FONCTIONNEMENT DES PÊCHERIES

Les deux pannes de chaque pêcherie, au lieu de s'affronter à un angle aigu, du côté de l'aval, deviennent parallèles, et forment un *couloir* de 2 mètres environ de longueur, au bout duquel est située la bourrache. Tout le poisson recueilli par la pêcherie doit *théoriquement* s'amasser dans cette bourrache, les jeunes étant remis à l'eau par les pêcheurs, de telle sorte qu'ils puissent regagner la mer.

Or, les choses ne se passent jamais de cette façon simple, pour les raisons suivantes :

1° Les poissons faisant toujours *tête au courant*, lorsque l'eau s'écoule de la pêcherie, ils tournent tous le dos à la bourrache ; un certain nombre

LE VIVIER. — *Pêcherie ; Vue extérieure : la nasse terminale.*

parvient toujours à lutter dans cette position jusqu'à l'assèchement com-
plet, et s'échoue à l'intérieur de la pêcherie.

2º Les pierres et les branchages situés dans le couloir augmentent la
difficulté, pour les poissons, d'être entraînés dans la bourrache : on retrouve

LE VIVIER. — *Pêcherie ; Vue intérieure ; le couloir terminal. (Remarquer le colmatage à peu près hermétique
des parois par les algues.)*

parfois des centaines ou des milliers de jeunes et d'alevins, soit sous les
pierres, soit accrochés aux branchages.

3º Par suite de la taille des mailles de la bourrache (5 $^m/_m$), celle-ci se
bouche rapidement par les algues ou la masse même du poisson capturé ;
j'ai pu assister, le 2 Mai 1924, à la pêcherie 15, à l'émersion de la bourrache : lorsqu'elle a commencé à laisser filtrer l'eau de la pêcherie, j'ai pu
recueillir au troubleau de jeunes Tacauds, de 3 $^c/_m$ à 3 $^c/_m$ 50 qui passaient
par les mailles. Mais, très rapidement, l'accumulation d'une masse de
poissons et de débris de Fucus dans la bourrache a complètement bouché
les mailles, et plus rien n'est passé. J'ai d'ailleurs recueilli, dans la bourrache,

des Tacauds d'une *taille inférieure à 3* ^{cm}, plus petits, par conséquent, que ceux qui avaient pu s'échapper au début.

4° Les alevins qui s'échappent de la bourrache, soit en passant par les mailles, soit après remise à l'eau par les pêcheurs, ne sont pas forcément sauvés. Froissés par le passage violent à travers les mailles, à demi asphyxiés par leur séjour dans la bourrache, ils vont s'échouer et mourir en masse, en aval, dans les sillons creusés par les courants d'écoulement d'eau vers la mer.

5° Tous ces effets nuisibles sont amplifiés du fait de la proximité de certaines pêcheries entre elles. Ainsi la pêcherie 9 étant détruite, les pêcheries 8 et 10 pêchent moins bien que les pêcheries 7 et 11 ; néanmoins, même isolée, une pêcherie est encore capable de prendre des masses de poissons ; ayant visité le 22 Mars 1924, la pêcherie N° 40 (dite « La Mécanique »), j'y ai constaté la présence de plusieurs milliers de harengs, de 10 à 15 ^{cm}.

III

LISTE DES POISSONS COMESTIBLES PRÉLEVÉS AU COURS DE L'ENQUÊTE

Lamproie fluviatile	(Lampetra fluviatilis).
Raie bouclée	(Raja clavata).
Aiguillat	(Acanthias vulgaris).
Hareng	(Clupea harengus).
Sprat	(Clupea sprattus).
Sardine	(Clupea pilchardus).
Alose vraie	(Clupea alosa).
Alose feinte	(Clupea finta).
Anchois	(Engraulis encrassicholus).
Orphie	(Belone bellone).
Equille	(Ammodytes tobianus).
Anguille	(Anguilla anguilla).
Mulet	(Mugil capito, M. saliens).
Prêtre	(Atherina presbyter).
Maquereau	(Scomber scombrus).
Chinchard	(Trachurus trachurus).
Bar	(Morone labrax).
Griset	(Cantharus griseus).
Vieille commune	(Labrus bergylta).
Grondin perlon	(Trigla lucerna).
Grondin gris	(Trigla gurnardus).
Saint-Pierre	(Zeus faber).

Barbue	(Rhombus laevis).
Plie	(Pleuronectes platessa).
Flet	(Pleuronectes flesus).
Sole	(Solea solea).
Tacaud	(Gadus luscus).
Capelan	(Gadus minutus).
Merlan	(Gadus merlangus).
Loche de mer	(Motella mustela).
Petite Vive	(Trachinus vipera).

IV

LISTE DES PÊCHERIES
CORRESPONDANT A CHAQUE PRÉLÈVEMENT

26 *Juillet*	1923	Pêcheries	2, 3, 35, 36, 37	Prélèvement personnel.
23 *Août*	—	—	7, 8, 10, 11	— —
25 *Septembre*	—	—	18, 19, 20, 21	— —
25 *Octobre*	—	—	25, 26	— —
24 *Novembre*	—	—	19	— —
22 *Décembre*	—	—	10, 11	— —
25 *Janvier*	1924	—	5, 6	— —
22 *Février*	—	—	20, 21, 22	— —
22 *Mars*	—	—	40	— —
15 *Avril*	—	—	36, 37	— —
2 *Mai*	—	—	15, 16	— —
15 *Mai*	—	—	14, 15	— effectué par les agents de l'I. M.
30 *Mai*	—	—	36, 37	Prélèvement personnel.
15 *Juin*	—	—	15, 16	— effectué par les agents de l'I. M.
20 *Juin*	—	—	1, 2	Prélèvement personnel.
1er *Juillet*	—	—	34, 35	— effectué par les agents de l'I. M.
8 *Juillet*	—	—	30	Prélèvement effectué par les agents de l'I. M.
15 *Juillet*	—	—	18, 19	Prélèvement personnel.
30 *Juillet*	—	—	8	— effectué par les agents de l'I. M.
6 *Août*	—	—	3, 4, 5	Prélèvement personnel.
14 *Août*	—	—	6, 7	— effectué par les agents de l'I. M.

28 *Août*	—	—	27, 28	Prélèvement effectué par les agents de l'I. M.
10 *Septembre*	—	—	3, 4	Prélèvement effectué par les agents de l'I. M.
1ᵉʳ *Octobre*	—	—	11, 12	Prélèvement personnel.

V

ÉTUDE PAR ESPÈCES

Dans cette étude, je donne d'abord, pour chaque espèce, la *taille* aux différentes époques de l'année ; les chiffres représentent la *longueur totale*, du bout du museau à la verticale qui joint les deux points de la Caudale, ou bien, si la Caudale est arrondie (Loche de mer, par exemple) au milieu du bord de cette dernière.

Lorsque le nombre des exemplaires l'a permis, il a été établi une *moyenne de taille*, pour une époque donnée : dans ce cas, il n'y a qu'un seul chiffre. Les moyennes n'ont été établies que sur 50 à 100 exemplaires *au moins*, mais parfois sur beaucoup plus (jusqu'à 600 pour certains prélèvements de Sprats). En dessous de 50 exemplaires, je donne simplement le minimum et le maximum de taille ; ou, s'il n'y a qu'un exemplaire, sa taille est exprimée telle quelle, avec l'indication : (1 seul).

Lorsque la quantité d'observations a été suffisante, je donne un graphique de présence, indiquant l'abondance relative de l'espèce aux différentes époques de l'année : seuls sont considérés dans ces graphiques les individus jeunes, ayant moins de 0 m. 10 de longueur totale. Par exception, le Sprat étant adulte à 8-10 c/m, cette taille a été abaissée pour lui à 0 m. 06.

I

LAMPROIE FLUVIATILE (*Lampetra fluviatilis*)

Cette espèce se reproduisant en eau douce, il n'y avait pas de récoltes d'alevins à prévoir. Il a été trouvé seulement des jeunes, de 20 à 40 c/m, de Janvier (inclus) à Mai (inclus), parfois en assez grande quantité (une cinquantaine et plus par pêcherie).

II

RAIE BOUCLÉE (*Raja clavata*)

On trouve d'Avril (inclus) à Août (inclus) des jeunes mesurant de 12 à 18 c/m. La quantité peut monter à une centaine et plus chaque fois.

III

Aiguillat (*Acanthias vulgaris*)

N'a été trouvé qu'une fois, 1 jeune de 25 c/m, en Mai.

IV

Hareng (*Clupea harengus*)

26 *Juillet*	1923.....	8 c/m 05.
23 *Août*	—	8 c/m 90.
25 *Septembre*	—	11 c/m 50.
25 *Octobre*	—	12 à 15 c/m, quelques-uns autour de 20 c/m.

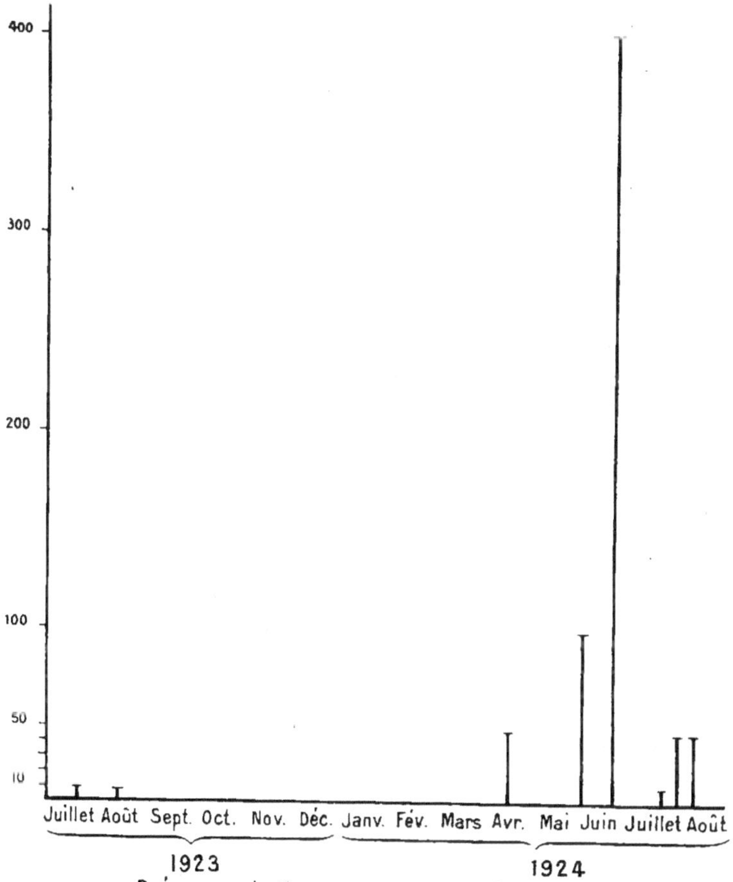
400
300
200
100
50
10
Juillet Août Sept. Oct. Nov. Déc. Janv. Fév. Mars Avr. Mai Juin Juillet Août
1923
1924

Présence de Harengs ayant moins de 0m 10

24 Novembre 1923.....	13 à 20 c/m, quelques-uns autour de 25 c/m.	
25 Janvier 1924.....	— — —	
22 Février —	— — —	
22 Mars —	— — —	
15 Avril —	4 c/m 60 à 5 c/m.	
15 Mai —	6 c/m 70 (un seul).	
30 Mai —	7 c/m à 7 c/m 30+3 c/m 55 à 4 c/m 85.	
20 Juin —	9 c/m à 10 c/m 50+5 c/m 30	
1er Juillet —	6 c/m 70 à 8 c/m 25.	
30 Juillet —	7 c/m 50.	
6 Août —	7 c/m 75.	

De ce tableau, il ressort que les jeunes apparaissent en Avril et disparaissent en Septembre.

V

SPRAT (Clupea sprattus)

26 Juillet 1923	3 c/m 50		+ 6 c/m	+ 9 c/m
23 Août —	4 c/m		+ 7 c/m 70	+ 9 c/m 13
25 Septembre —	5 c/m 02 (1 seul)		+ 9 c/m 11	
24 Novembre —	7 c/m 81		+ 9 c/m 23	
22 Décembre —	6 c/m à 7 c/m		+ 10 c/m 01	
25 Janvier 1924	7 c/m à 7 c/m 50	+ 9 c/m à 15 c/m		
22 Février —	6 c/m à 9 c/m	+ 15 c/m à 20 c/m		
15 Avril —	8 c/m 49		+ 2 c/m 25 à 3 c/m 90	
15 Mai —	7 c/m à 8 c/m 60	+- 4 c/m à 4 c/m 60		
30 Mai —	5 c/m			
20 Juin —	8 c/m à 12 c/m 50	+ 5 c/m 90 (1 seul)		
		+ 2 c/m 75 à 3 c/m 55		
1er Juillet —	7 c/m à 8 c/m	+ 5 c/m 30		
8 Juillet —	9 c/m 10 à 9 c/m 35	+ 5 c/m 55		
15 Juillet —	5 c/m 70 (1 seul)	+ 5 c/m 10 (1 seul)		
30 Juillet —	5 c/m 50 (1 seul)	+ 3 c/m 20 (1 seul)		
6 Août —	10 c/m + 6 c/m 60	+ 4 c/m 40 (1 seul)		
14 Août —	5 c/m 50 + 3 c/m 25 à 4 c/m			
28 Août —	7 c/m à 7 c/m 70	+ 5 c/m 50		
10 Septembre —	9 c/m + 5 c/m 60	+ 3 c/m 70		
1er Octobre —	8 c/m et 13 c/m (2 seulement).			

Ce tableau est, à première vue, plus confus que celui du hareng. Les apparitions d'alevins sont plus nombreuses (avril, juin, juillet, août, octobre). Voici le graphique de présence correspondant :

Les jeunes apparaissent en Avril et ne se retrouvent plus en Octobre.

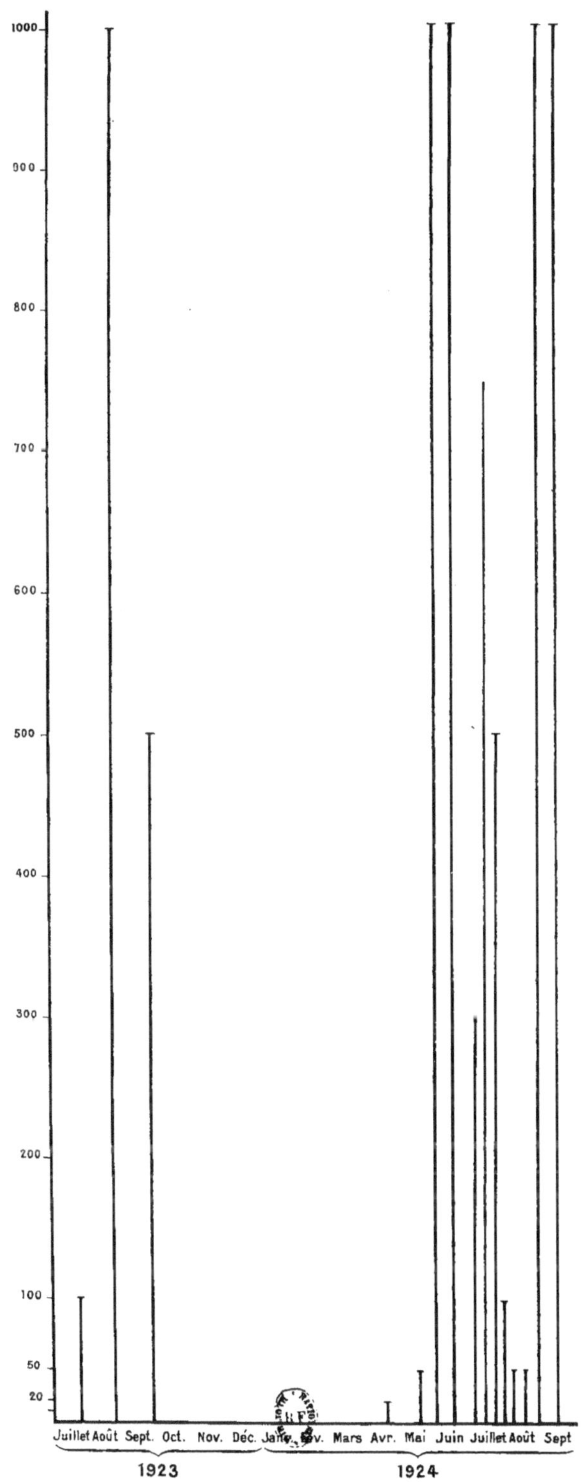

Présence de Sprats ayant moins de 0ᵐ06

VI

SARDINE (*Clupea pilchardus*)

26 *Juillet*	1923........	7 c/m 05.
23 *Août*	—	9 c/m 5 (1 seul) + 3 c/m 55.
25 *Septembre*	—	3 c/m 65 à 4 c/m 10.
15 *Mai*	1924........	4 c/m 25 à 4 c/m 40.
30 *Mai*	—	3 c/m 85 à 4 c/m 85.
20 *Juin*	—	5 à 6 c/m 25 + adultes de 20 c/m.
1er *Juillet*	—	5 c/m 40.
15 *Juillet*	—·	5 c/m 45.
6 *Août*	—	5 c/m 50 à 6 c/m.
14 *Août*	....	6 c/m à 8 c/m 50 + 1 de 3 c/m 80.

Les jeunes sont présents de fin Mai à Septembre.

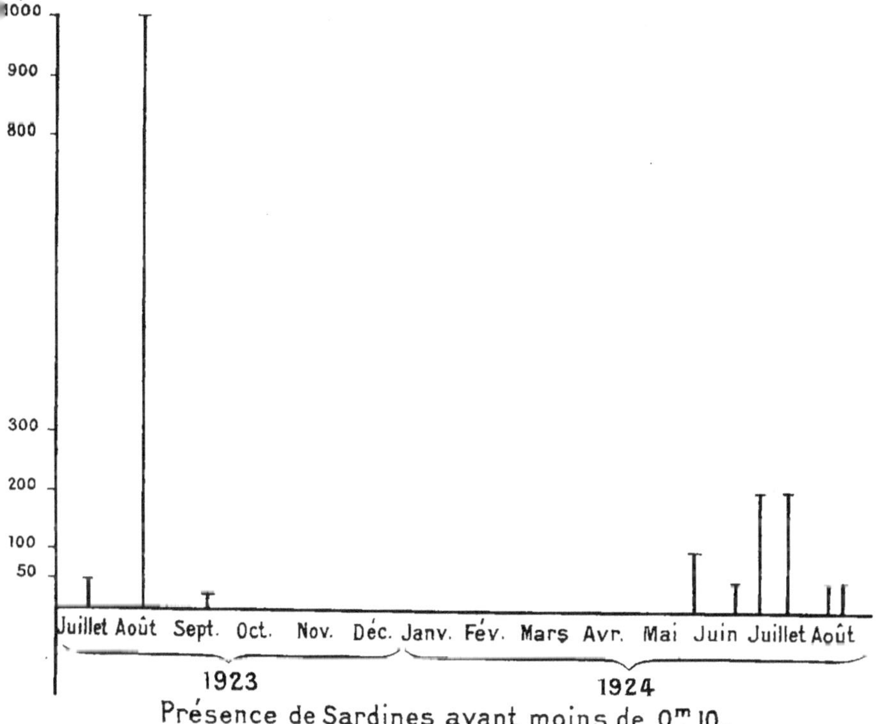

Présence de Sardines ayant moins de 0ᵐ 10.

VII et VIII

ALOSE VRAIE (*Clupea alosa*) et ALOSE FEINTE (*Clupea finta*)

Ces poissons se reproduisant en eau douce, seuls des adultes se font prendre aux pêcheries, au cours de l'hiver et du début du printemps. Taille : 20 à 30 c/m et plus.

IX

ANCHOIS (*Engraulis encrassicholus*)

15 *Avril*	1924........	11 c/m 30 (1 seul).
30 *Mai*	—	11 c/m 40 à 17 c/m 35.
20 *Juin*	—	12 c/m 25 à 14 c/m 65.

Pas d'alevins et toujours en très petite quantité.

X

ORPHIE (*Belone bellone*)

| 30 *Mai* | 1924...... | 26 c/m 50 (1 seul) |
| 10 *Septembre* | — .... | 14 à 18 c/m |

Pas d'alevins ; rares et en très faible quantité.

XI

EQUILLE (*Ammodytes tobianus*)

23 *Septembre*	1923......	7 c/m 20 (1 seul)
30 *Mai*	1924......	4 à 10 c/m.
28 *Août*	—	5 à 7 c/m.

Rares et en faible quantité.

XII

ANGUILLE (*Anguilla anguilla*)

23 *Août*	1923.......	16 c/m 50 à 17 c/m 70.
15 *Octobre*	—	30 c/m et plus.
1ᵉʳ *Octobre*	1924.......	20 à 30 c/m.

Parfois assez nombreux.

XIII

MULET (*Mugil capito, M. saliens*)

25 *Octobre*	1923.......	5 à 11 c/m + 20 c/m env. *(M. capito)*.
24 *Novembre*	—	20 c/m environ *(M. capito)*.
22 *Décembre*	—	25 c/m environ *(M. capito)*.
25 *Janvier*	1924.......	20 c/m environ *(M. capito)*.
22 *Février*	—	12 à 18 c/m + 20 à 25 c/m *(M. saliens)*.
2 *Mai*	—	13 c/m 50 (1 seul) *(M. saliens)*.
15 *Juin*	—	9 c/m 15 (1 seul) *(M. capito)*.
6 *Août*	—	9 c/m 60 à 13 c/m *(M. capito)*.
1ᵉʳ *Octobre*	—	4 c/m 60 à 5 c/m 70 *(M. saliens)*.

Observations très fragmentaires. Jamais de grandes quantités d'alevins ou de jeunes.

XIV

PRÊTRE (*Atherina presbyter*)

15 *Avril*	1924........	12 c/m 40 à 13 c/m.
2 *Mai*	—	8 c/m 20 à 9 c/m 05.
15 *Mai*	—	7 c/m 50 (1 seul).

Toujours rares à l'état de jeunes. Les adultes sont parfois pris en assez grande quantité.

XV

MAQUEREAU (*Scomber scombrus*)

26 *Juillet*	1923........	8 c/m 09.
25 *Septembre*	—	16 à 20 c/m.
14 *Août*	1924........	8 c/m 50.
10 *Septembre*	—	8 à 10 c/m 50.

Pas d'alevins, les jeunes, et surtout les adultes, se font prendre en quantités parfois importantes. Ainsi les jeunes du 14 Août étaient en nombre d'une centaine dans la pêcherie.

XVI

CHINCHARD (*Trachurus trachurus*)

25 *Septembre* 1923........		7 c/m 50. Une centaine au moins.

XVII

BAR (*Morone labrax*)

23 *Août*	1923	3 c/m 50 à 6 c/m.
25 *Septembre*	—	7 c/m (1 seul).
25 *Octobre*	—	7 c/m 87.
25 *Janvier*	1924........	6 c/m 80 à 9 c/m 50.
22 *Février*	—	7 c/m 50 à 8 c/m 05.
2 *Mai*	—	7 c/m 80 à 10 c/m 55.

P. CHEVEY

200
180
160
140
120
100
80
60
40
20
10
Juillet Août Sept. Oct. Nov. Déc. Janv. Fév. Mars Avr. Mai Juin Juillet Août Sept. Oct.
1923
1924
Présence de Bars ayant moins de 0ᵐ10.

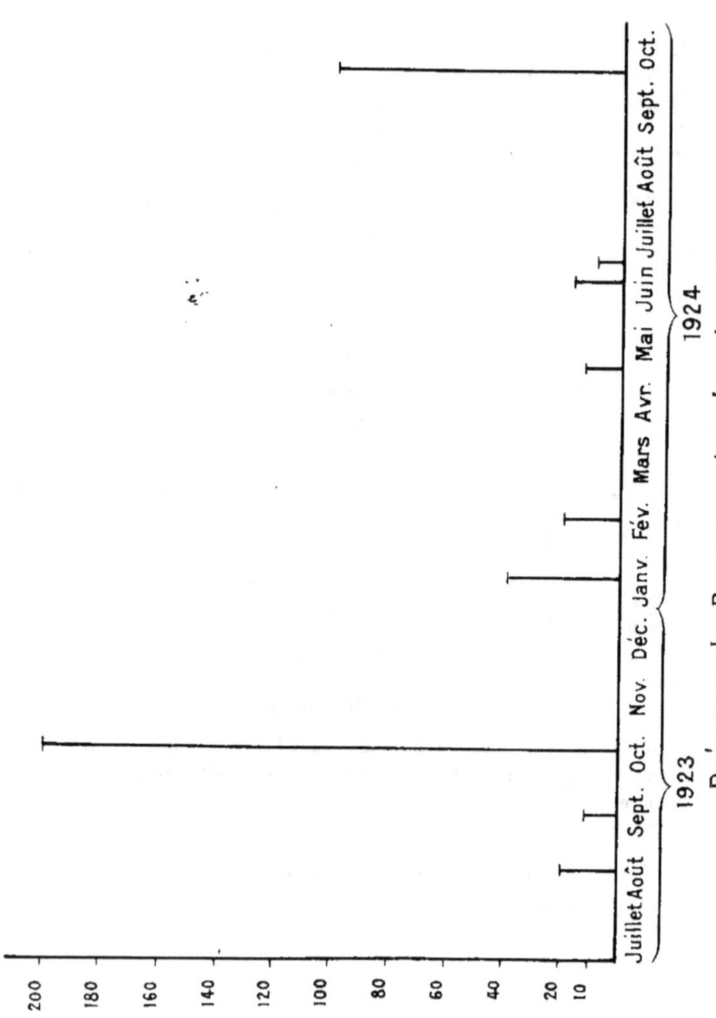

30 *Mai*	1924........	10 c/m 15 (1 seul).
15 *Juin*	—	8 c/m 85 à 10 c/m 80.
20 *Juin*	—	9 c/m 35 à 11 c/m 75.
6 *Août*	—	13 c/m 50 à 15 c/m.
1ᵉʳ *Octobre*	—	4 c/m 60 à 11 c/m 30.

Il est possible, avec ces renseignements, de tracer le graphique de présence suivant.

Les Bars ne sont jamais aussi nombreux que les Clupéidés. On en prend presque tout l'hiver à la taille relativement faible de 8 à 10 centim.

XVIII

GRISET (*Cantharus griseus*)

25 *Janvier*	1924........	7 c/m 05 (1 seul).
15 *Mai*	—	8 c/m 80 (1 seul).
6 *Août*	—	13 c/m 50 à 15 c/m.

Toujours très rare.

XIX

VIEILLE DE MER (*Labrus bergylta*)

| 2 *Mai* | 1924........ | 13 c/m 30 (1 seul). |

XX

GRONDIN PERLON (*Trigla lucerna*)

23 *Août*	1923........	5 c/m 20 à 6 c/m 40.
25 *Septembre*	—	7 c/m 50 à 7 c/m 65.
15 *Octobre*	—	9 à 11 c/m.
25 *Janvier*	1924........	11 c/m 20 à 12 c/m 20.
15 *Avril*	—	10 à 14 c/m.
2 *Mai*	1924........	7 c/m 50 à 14 c/m.
30 *Mai*	—	13 c/m 15 (1 seul).
1ᵉʳ *Octobre*	—	5 c/m 30 (1 seul).

Toujours en très petite quantité.

XXI

GRONDIN GRIS (*Trigla gurnardus*)

| 15 *Juillet* | 1924........ | 7 c/m 20 (1 seul). |

Très rare.

XXII

SAINT-PIERRE (*Zeus faber*)

| 15 *Juin* | 1924........ | 11 c/m 20 (1 seul). |
| 10 *Septembre* | — .... | 6 c/m 60 (1 seul). |

Très rare.

XXIII

Barbue (*Rhombus loevis*)

2 Mai	1924........	8 cm 60 (1 seul).
28 Août	—	4 c/m 95 (1 seul).

Très rare.

XXIV

Plie (*Pleuronectes platessa*)

26 Juillet	1923........	6 c/m 58.
23 Août	—	8 c/m 10.
25 Septembre	—	9 c/m 30.
25 Janvier	1924........	9 c/m 50 à 13 c/m + 20 c/m environ.
15 Avril	—	6 c/m 90 à 9 c/m 40.
2 Mai	—	7 c/m 50 à 10 c/m 50.
15 Mai	—	8 c/m 70 à 11 c/m 10 + 3 c/m 20 à 3 c/m 60.
30 Mai	—	8 c/m à 11 c/m + 3 c/m 10.
20 Juin	—	4 c/m 75 à 7 c/m 20.
8 Juillet	—	4 c/m 45 à 6 c/m 35.
30 Juillet	—	7 c/m 20.
6 Août	—	environ 13 c/m + 7 à 8 c/m.
28 Août	—	environ 11 c/m 50 + 7 à 8 c/m.
10 Septembre	—	9 c/m 50 (1 seul).
1er Octobre	—	8 à 13 c/m.

Le graphique ci-contre indique que les jeunes se trouvent aux pêcheries d'Avril à Octobre.

XXV

Flet (*Pleuronectes flesus*)

26 Juillet	1923........	11 c/m 4.
23 Août	—	13 à 14 c/m.
25 Janvier	1924........	10 à 15 c/m 50 + 20 c/m environ.
22 Février	—	7 c/m 50 à 15 c/m + 20 c/m environ.
22 Mars	—	10 à 16 c/m.
1er Juillet	—	6 c/m 65 (1 seul).
30 Juillet	—	7 c/m 20 (1 seul).
6 Août	—	9 à 9 c/m 90.
10 Septembre	—	9 c/m 70 (1 seul).
1er Octobre	—	9 à 11 c/m.

Observations très fragmentaires ; on ne trouve néanmoins jamais une grande quantité de très jeunes, comme pour la Plie.

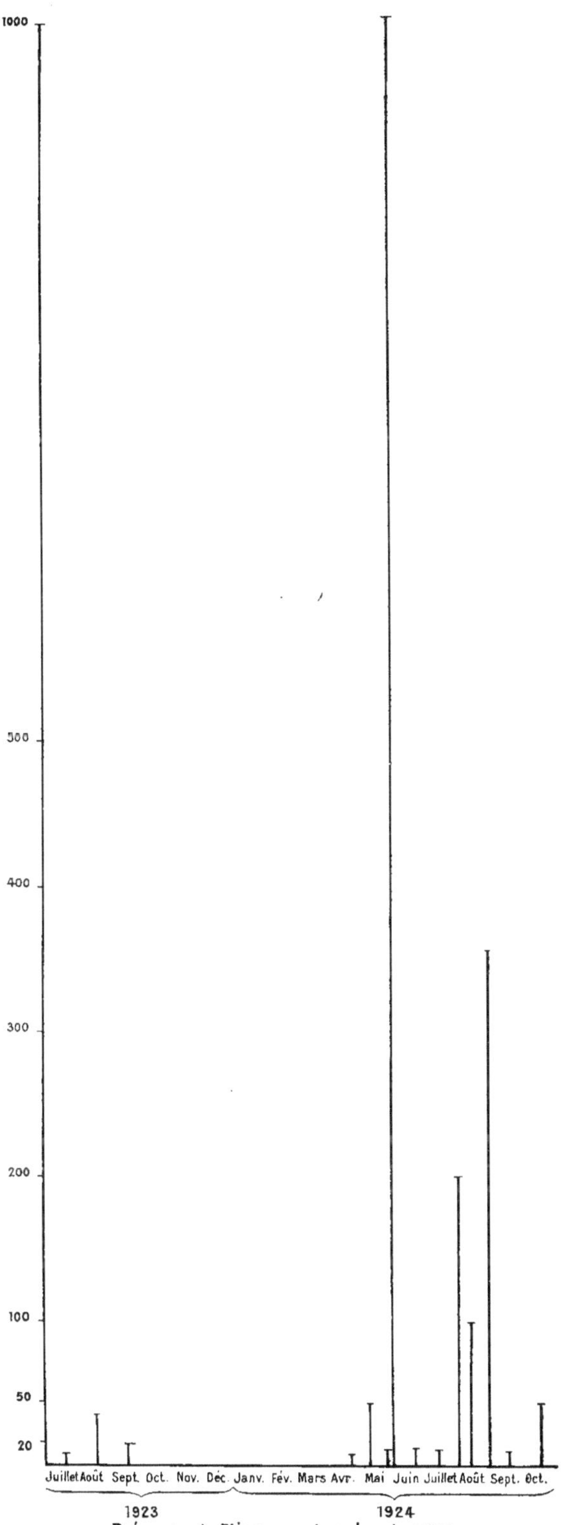

1000
500
400
300
200
100
50
20
Juillet Août Sept. Oct. Nov. Déc. Janv. Fév. Mars Avr. Mai Juin Juillet Août Sept. Oct.
1923
1924
Présence de Plies ayant moins de 0ᵐ10.

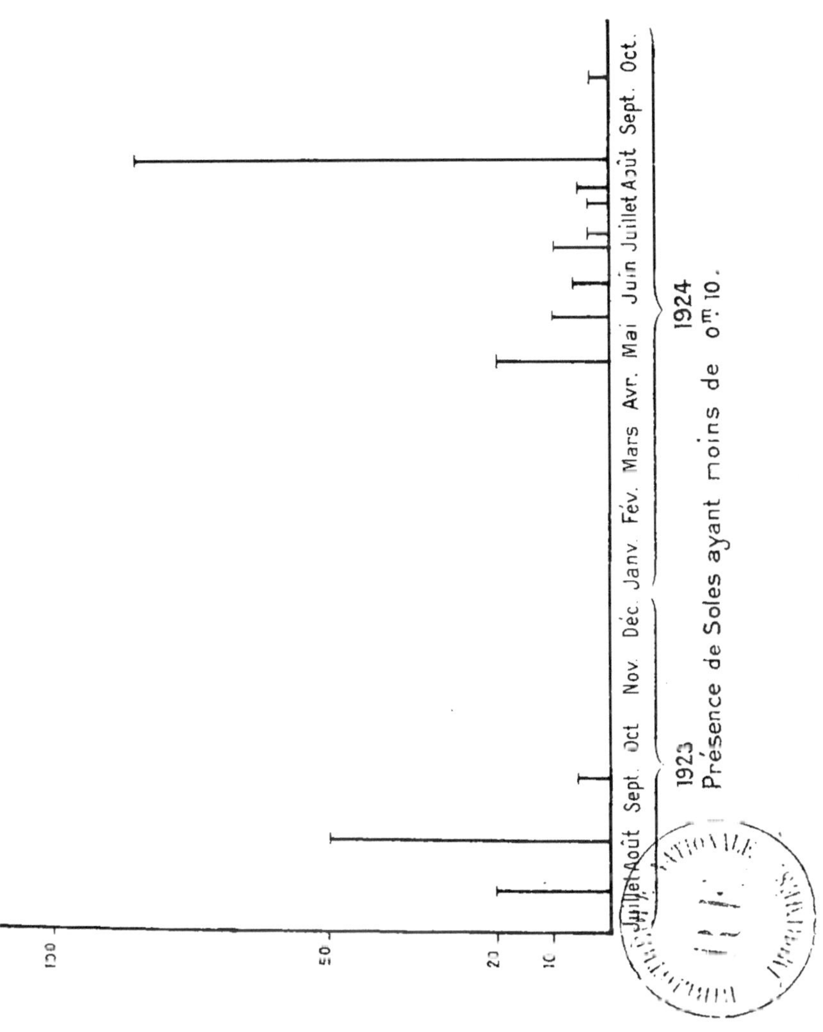
Juillet Août Sept. Oct. Nov. Déc. Janv. Fév. Mars Avr. Mai Juin Juillet Août Sept. Oct.
1923
1924
Présence de Soles ayant moins de 0ᵐ.10.

     P. CHEVEY

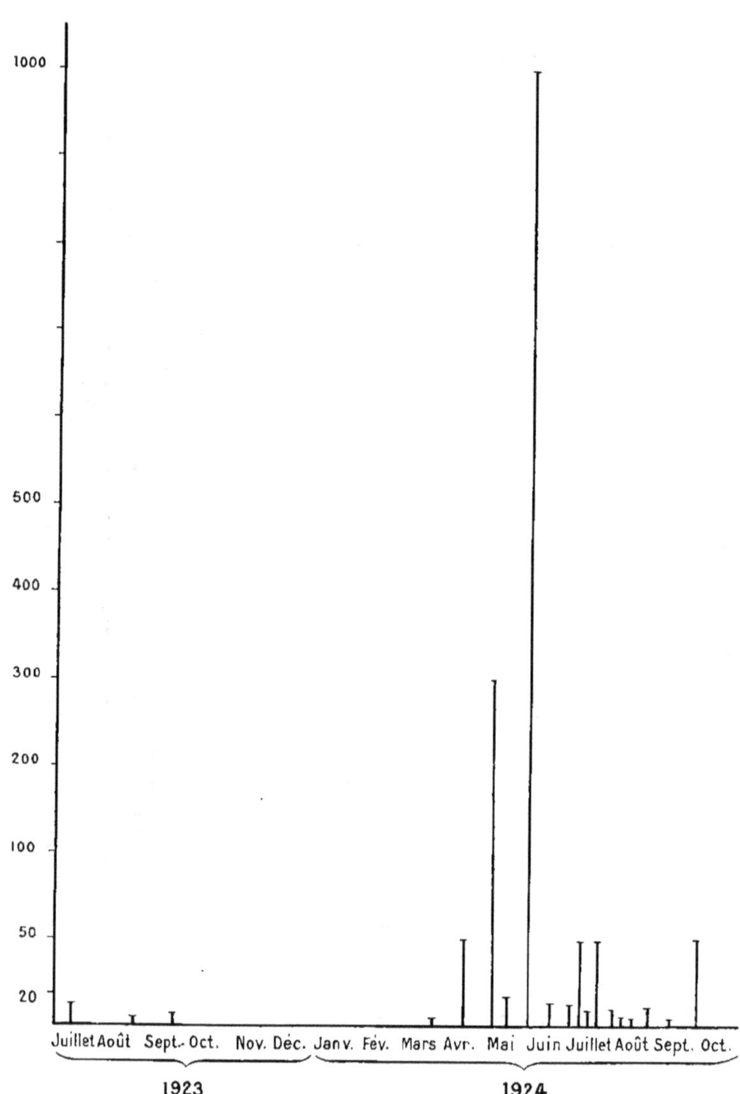

Présence de Tacauds ayant moins de 0ᵐ10.

XXVI

Sole (*Solea solea*)

26 *Juillet*	1923.........	5 c/m 07.
23 *Août*	—	7 c/m 45.
25 *Septembre*	—	10 c/m 75 (1 seul).
2 *Mai*	1924.......	9 à 13 c/m + 20 c/m et plus.
15 *Juin*	—	9 c/m (2 seulement).
1ᵉʳ *Juillet*	—	4 c/m 15 à 5 c/m 95.
8 *Juillet*	—·	5 c/m 85 (1 seul).
30 *Juillet*	—	7 c/m 25 (1 seul).
6 *Août*	—·	7 c/m 30 à 7 c/m 70.
28 *Août*	—·	8 c/m 50 à 10 c/m + 3 c/m 50 à 5 c/m 50.
1ᵉʳ *Octobre*	—	8 c/m 80 à 10 c/m 60.

Il est possible de dresser le graphique de présence ci-contre. Les jeunes se trouvent de Mai à Octobre.

XXVII

Tacaud (*Gadus luscus*)

26 *Juillet*	1923........	7 c/m 05.
23 *Août*	—	5 c/m 80 (1 seul).
25 *Septembre*	—	4 c/m 40 à 10 c/m 80.
25 *Octobre*	—	10 à 11 c/m + 20 c/m et plus.
22 *Décembre*	—........	13 c/m 25 (1 seul) + 20 c/m et plus.
25 *Janvier*	1924........	20 c/m environ.
22 *Février*	—	15 c/m 20 (1 seul).
22 *Mars*	—	12 à 20 c/m + 5 c/m 15 à 8 c/m.
15 *Avril*	—	4 c/m 87.
2 *Mai*	—	9 à 15 c/m + 4 c/m 89.
15 *Mai*	—	2 c/m 90 à 5 c/m 35.
30 *Mai*	— ..	5 c/m 15
15 *Juin*	—	4 c/m 85 à 6 c/m.
30 *Juin*	—	4 c/m 75 à 11 c/m 30.
1ᵉʳ *Juillet*	—	5 c/m à 7 c/m 30.
8 *Juillet*	—	4 c/m 95 à 8 c/m 10.
14 *Août*	—	6 c/m 20 (1 seul).
28 *Août*	—	7 à 8 c/m 80.
10 *Septembre*	—	5 c/m 50 à 7 c/m 85.
1ᵉʳ *Octobre*	—	6 c/m 50 + 10 c/m.

Les jeunes se trouvent de Mars à Octobre.

XXVIII

Capelan (*Gadus minutus*)

2 *Mai*	1924........	6 c/m 05 (1 seul).

Jeunes très rares aux pêcheries.

XXIX

Merlan (*Gadus merlangus*)

26 *Juillet*	1923........	7 c/m 05.
23 *Août*	—	6 c/m 50 à 9 c/m.
25 *Septembre*	—	11 c/m 22 + 20 c/m environ et plus.
25 *Octobre*	—	10 à 11 c/m + 20 c/m environ et plus.
22 *Décembre*	—	14 c/m 20 (1 seul) + 20 c/m environ.
25 *Janvier*	1924........	13 c/m 60 à 16 c/m 80 + 20 à 25 c/m.
30 *Mai*	—	5 c/m 05 à 9 c/m 70.
20 *Juin*	—	13 c/m (1 seul).
1er *Juillet*	—	7 c/m 35 (1 seul).
15 *Juillet*	—	7 c/m 70 à 8 c/m 55.
30 *Juillet*	—	6 c/m 25 à 6 c/m 60.
6 *Août*	—	8 c/m 50 (1 seul) + 3 c/m 30 (1 seul).
14 *Août*	—	9 c/m 40 (1 seul).

Les jeunes sont toujours pris en *très faible quantité* aux pêcheries ; il est impossible de dresser un graphique. Les adultes sont pris souvent par centaines.

XXX

Loche de mer (*Motella mustela*)

25 *Octobre*	1923........	12 à 18 c/m.
24 *Novembre*	—	15 c/m 20 à 20 c/m et plus.
22 *Décembre*	—	11 c/m 30 à 20 c/m et plus.
25 *Janvier*	1924........	10 à 20 c/m et plus.
22 *Février*	—	15 à 20 c/m et plus.
22 *Mars*	—	12 à 20 c/m et plus.
15 *Avril*	—	13 c/m 80 (1 seul).
2 *Mai*	—	10 à 15 c/m.
30 *Mai*	—	10 c/m 15 (1 seul).
15 *Mai*	—	13 c/m (1 seul).

Jamais d'alevins aux pêcheries. Les individus de 15 à 20 c/m se chiffrent fréquemment par cinquantaines, parfois par centaines.

XXXI

Petite Vive (*Trachinus vipera*)

23 *Août*	1923........	6 c/m 20 (1 seul).
25 *Janvier*	1924........	7 c/m à 8 c/m 60.
15 *Avril*	—	6 c/m 50 à 12 c/m.
30 *Mai*	—	4 à 8 c/m.

Jamais en très grande abondance.

VI

CONCLUSIONS

De tous les faits exposés, il ressort que les poissons détruits en plus grand nombre à l'état d'alevins ou de jeunes, sont les suivants :

Hareng, Sprat, Sardine, Mulet, Chinchard, Maquereau, Bar, Plie, Flet, Sole, Tacaud, Merlan.

Les alevins de Tacaud apparaissent les premiers, à partir de Mars. Ceux de Hareng et de Sprat, à partir d'Avril. Ceux de Sardine, Mulet, Plie et Merlan, à partir de Mai. Ceux de Sole (et de Maquereau ?), à partir de Juin-Juillet. Les Chinchards jeunes n'ont été trouvés qu'une fois, en Septembre. Tous ces jeunes ont dépassé 10 c/m de longueur totale, au début de Novembre, sauf les Sprats et les Bars. Une partie des premiers passent l'hiver à la taille de 7-8 c/m. Les seconds passent l'hiver à la taille moyenne de 8 c/m.

Les quantités observées sont de l'ordre des milliers, par visite et par pêcherie, pour les Sprats, les Tacauds, et parfois les Plies, des centaines pour les Harengs, les Sardines, les Maquereaux et les Plies, à une centaine à peu près, ou moins, pour les Mulets, les Chinchards, les Flets, les Soles et les Merlans.

Le dernier tableau indique l'ensemble des résultats pour deux années consécutives, en marquant la présence aux pêcheries des espèces ayant moins de 0 m. 10 (ou 0 m. 06 pour le Sprat seul, comme il a été dit plus haut).

L'année 1923 a été complétée en partie en reportant les résultats de Mars à Juin 1924, à la période Mars à Juin 1923.

On voit ainsi, d'un seul coup d'œil, que la période pendant laquelle le plus grand nombre d'espèces se font prendre à l'état de jeunes, est celle de Mai (inclus), à Octobre (inclus).

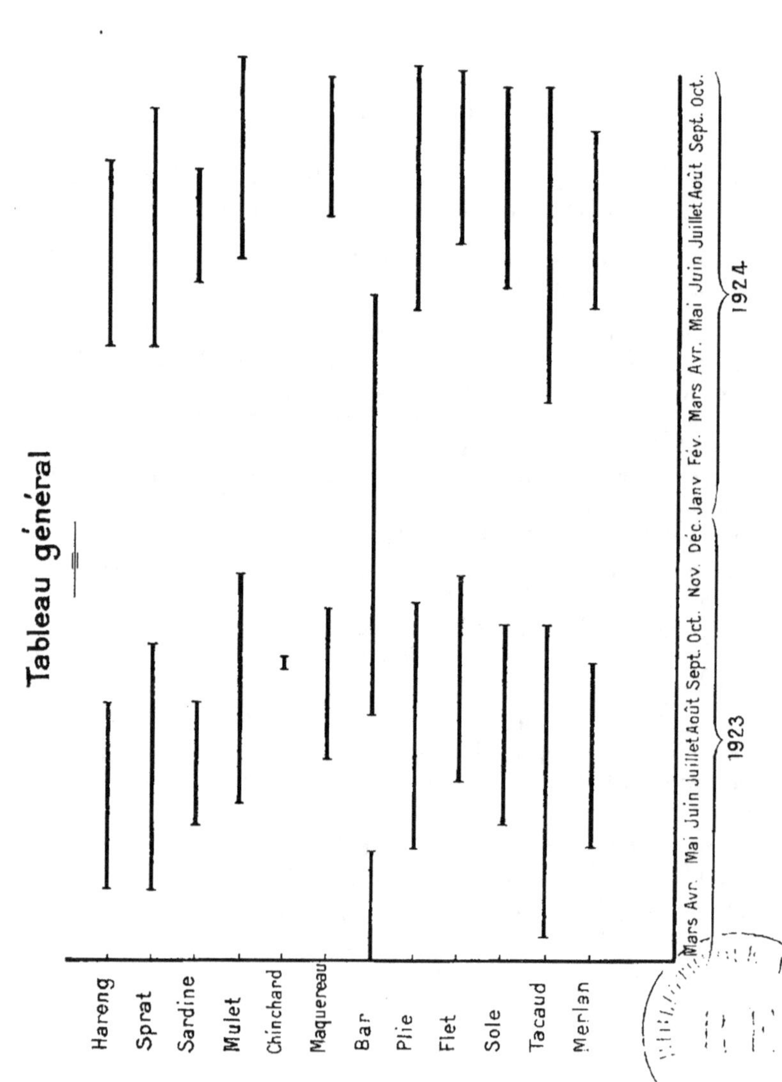
Tableau général
Hareng
Sprat
Sardine
Mulet
Chinchard
Maquereau
Bar
Plie
Flet
Sole
Tacaud
Merlan
Mars Avr. Mai Juin Juillet Août Sept. Oct. Nov. Déc. Janv Fév. Mars Avr. Mai Juin Juillet Août Sept. Oct.
1923
1924